阿柴の心內話

柴犬小花の碎碎唸

主人應該了解的狗狗心理學

Shi-Ba 編集部 編

前言

本書的模特兒是柴犬小花。為了讓初次見到小花的讀者看完覺得：「真是一隻表情豐富的柴犬！」同時也讓追蹤小花推特的粉絲們覺得：「小花果然超可愛！」本書特地從照片中精挑細選，打造小花的精選寫真集！

純粹因為可愛而閱讀本書也無妨，不過我們可是專門介紹日本犬的Shi-Ba編集部，為了讓讀者在陶醉於小花的可愛之餘，還能得到柴犬的相關知識，本書凝聚創刊以來17年間的採訪精華，將柴犬生活的必備知識，濃縮得像郊遊便當般精彩又豐富。

當然，每隻柴犬都有自己的個性，有些孩子可能根本沒有本書中介紹的「柴犬獨特氣質」。但也請將「原來柴犬也有這一面」的想法放在內心一角，或許在遇到其他柴犬時，就能從中得到助力。

如果本書能幫助柴犬的飼主，或者準備與柴犬共同生活的人，更加享受「與柴犬共度的生活」，我們將深感榮幸。

CONTENTS

1章

阿柴的心內話

面對這些事情絕不讓步！

2章

阿柴的心內話

其實比你以為的還敏感，有意見嗎？

3 章

阿柴的心內話

這樣比較好吃嗎？還是只是好玩呢？

4章

阿柴的心內話

想讓牠們快樂又長壽的基本須知

※本書照片均為示意圖。

1 章

阿柴的心內話

面對這些事情
絕不讓步！

總覺得柴犬很像頑固老頭？

不不不，牠們只是貫徹始終而已。

正是日本犬的血統，讓牠們能斬釘截鐵地說「NO」！

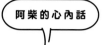

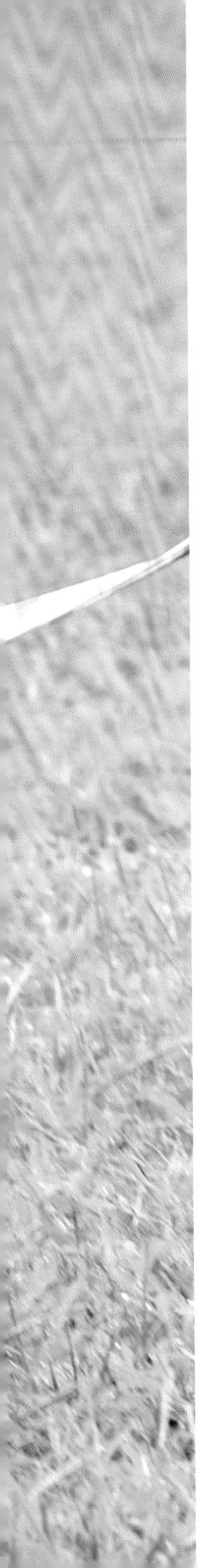

01 散步絕對不能少

只要狗狗願意在家中上廁所，平常也玩得很開心，就不必帶出去散步了吧？其實這是天大的誤會，散步對狗狗來說是保有健康與健全生活的重要環節。

戶外的陽光能幫助狗狗攝取身體成長與代謝必需能量，嗅覺比人類靈敏許多的狗狗，也能藉由散步途中嗅聞土壤或青草等味道活化大腦。此外，散步途中遇見的車輛、自行車、路人、其他狗狗、公園鞦韆與溜滑梯、店家招牌，甚至是隨風飄盪的旗子，對生活在人類社會的狗狗來說，都是很重要的經驗。

狗狗屬於「晨昏型動物」，早晨與傍晚時的活動力特別強，這段時間若將狗狗關在屋子裡，不讓牠們順應天性外出蹓躂活動，會對狗狗的身心造成相當大的壓力。

因此，只要對狗狗與飼主不造成過重負荷，早晚都安排出門散步的時間，才能養出身心均衡健全的狗狗。

謝謝你每天帶我出來散步♪

02

擅長看守地盤

柴犬曾經是常見的看門犬。70年代左右，日本人喜歡飼養對他人警戒心高、且愛大聲吠叫的狗狗。然而隨著將狗狗視為家庭成員養在室內的風氣漸長，人們開始偏愛親人的類型。

柴犬對自己地盤的堅持與警戒心，比其他犬種還要強一些。有時看見愛犬在家中朝著窗外吠叫，還以為發生了什麼事情，實際上卻只是塑膠袋被風吹進自家庭院——如此烏龍的事件，其實正源於柴犬的警戒心。但是柴犬的另一大特徵，就是儘管會對訪客吠叫，只要看見飼主和訪客輕鬆聊天的模樣，就會判斷「這個人沒問題」而放心停止吠叫。所以聽見狗狗吠叫時，請站在狗狗的立場思考吠叫的原因吧。

＼妳的頭會不會卡住？／

養在戶外的狗狗可能會對抄瓦斯錶或水錶的人、路人警戒吠叫，因此將狗狗養在人來人往的場所時，應增設讓狗狗看不見外人的柵欄，才能打造出讓狗狗安心生活的環境。

你俩好哇～

03

真的很討厭水

野生動物身體溼掉的話體溫會降低，進而平白消耗體力，因此養成了避水的習性，會在下雨天躲起來。在眾多現代犬當中，柴犬保有較多的野性，因此特別容易討厭水。有時會看見狗狗自行跳進大海或河川玩耍、游泳，不過海水與河水裡含有各種細菌，所以狗狗在外玩水之後，一定要用自來水或溫水幫牠們洗乾淨並吹乾才行。

養狗時，與水相關的困擾中最常見的就是下雨天了。一旦下雨，有些只願在戶外排泄的狗狗寧願憋住也不肯出門，最後引發膀胱炎或便祕等健康問題，所以平常就應讓愛犬練習在室內、陽台或庭院等近處排泄。

此外，在家為愛犬洗澡時，狗狗可能會因為過於抗拒而咬傷飼主，或是失去對飼主的信任。所以難以在家為愛犬洗澡時就別勉強，可以委託寵物美容中心，或是每天為狗狗梳毛，再用溼毛巾仔細擦將身體上的髒污擦乾淨。

由於柴犬的被毛相當密集，溼掉後較難乾，沒乾的部分容易溼悶、導致皮膚炎。因此在家為愛犬洗澡或是雨天散步後，都必須用毛巾擦乾或吹風機吹乾，讓被毛從根部徹底乾燥。

04 打招呼不能隨便

狗狗之間會透過嗅聞氣味較強烈的臉部與臀部打招呼，所以見面時會先互相聞聞鼻子、再聞聞臀部。

狗狗出生後與父母親、兄弟姊妹相處達8週以上，或是藉幼犬訓練等活動與其他狗狗相處而社會化時，就懂得看其他狗狗的臉色，知道對方是否排斥或戒備自己，如此一來打招呼時就不太容易發生重大問題。

但是不管柴犬多麼社會化，還是不擅應付友善到會瞬間以極近距離打招呼的狗狗，或是會興奮衝過來的狗狗。因此柴犬遇到這類狗狗時可能會抗拒，並氣得和對方打起來。所以狗狗之間打招呼時，飼主必須在旁緊盯，以防萬一。

狗狗臀部有稱為「肛門腺」的臭腺，牠們會嗅聞彼此的肛門腺分泌物，藉此自我介紹與打招呼。

05

「不要不要」都是有理由的

愛犬在散步途中忽然停下來堅持不走時，飼主肯定會苦笑不已，這時強行拉扯牽繩只會造成反效果。試著放鬆牽繩靜待片刻，或是將牽繩拉往狗狗身後，也許狗狗就會改變想法願意繼續走了。

散步途中發生的「不要不要」背後藏有五花八門的原因，例如：還想多聞聞這一帶的氣味、有不擅長應付的狗狗迎面而來、曾在前方道路留下負面回憶想要繞路、聽到公園傳來兒童玩球的聲音而感到害怕等。

本書一開始就有提到過，散步對狗狗來說是件很快樂的事情。飼主能在避免狗狗發生危險或對他人造成困擾的前提下，陪狗狗前往想去的地方，或是製造悠閒氛圍、不會隨意發出斥責，肯定會深受愛犬的喜愛。邊喊著「不可以去那邊」邊強

力拉扯牽繩，或是在狗狗露出「不要不要」的態度時仍一直拉扯牽繩，可能會發生愛犬掙脫項圈逃走，或是氣管遭到壓迫等憾事。擔心項圈對狗狗頸部造成負擔時，則建議改用胸背帶。

不過，有些總是發出「不要不要」訊號的狗狗，其實是因為太喜歡散步而不想回家。看來這時就只能祭出美食的誘惑了！

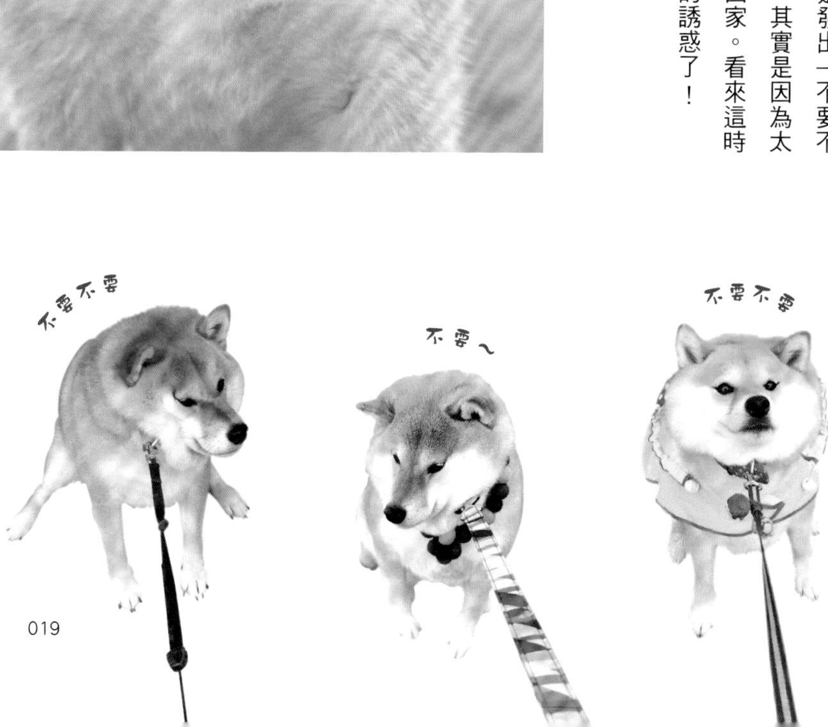

06

有時候討厭身體被觸碰

很多柴犬都不喜歡擦腳與梳毛等保養工作。狗狗本來就不喜歡腳掌被觸碰了，柴犬中對身體觸碰格外敏感的例子又特別多。有一部分原因可能是柴犬容易掉毛，所以飼主會更認真幫愛犬梳毛，才顯得柴犬特別排斥觸碰。

此外也有柴犬討厭被人抱著。請各位飼主思考看看，是否只在「要做出愛犬抗拒的事情」時才會抱牠們呢？例如：抱上診療台、要讓愛犬獨自看家所以抱進圍欄裡、一把抱起想要逃竄的愛犬，或是要把愛犬抱到浴室進行牠們最討厭的洗澡時間。

這時飼主可以用各式各樣的創意解決這個難題，假設狗狗排斥擦腳時，飼主就先讓愛犬從走在溼毛巾上開始適應，此外還可以搭配握手練習，每次成功握手就給予零食獎勵，讓愛犬慢慢習慣飼主觸碰自己的腳掌；梳毛時也可以安排一個人負責餵零食，另一個人負責為沉浸在零食中的狗狗梳毛。狗狗的抗拒程度依家庭環境而異，必須視情況調整應對的方式，但是共同的關鍵就是和愛犬保有良好的關係，秉持「不責罵、不勉強、耐心幫助狗狗適應」的原則。

看到愛犬睡得香甜時，忍不住愛憐地輕撫愛犬的頭，沒想到卻惹得愛犬勃然大怒。這種對飼主來說是表達愛意的行為，然而對狗狗來說只會覺得：「你吵到我睡覺了，真討厭！」

有時飼主只是單純跨過睡眠中的愛犬就被兇了，但是有時狗狗卻又主動鑽進飼主的被窩一起睡，讓人不禁覺得「柴犬真是善變呀」。

每隻狗狗喜歡的睡眠環境都不同，有些喜歡睡在自己的籠子或屋子裡，有些則喜歡睡在鞋櫃、沙發或床底下、走廊正中間、洗手間前，或是沒有人在的二樓臥室等。後面也會談到，柴犬是種重視獨處時間與空間的犬

07

需要不被打擾的睡眠環境

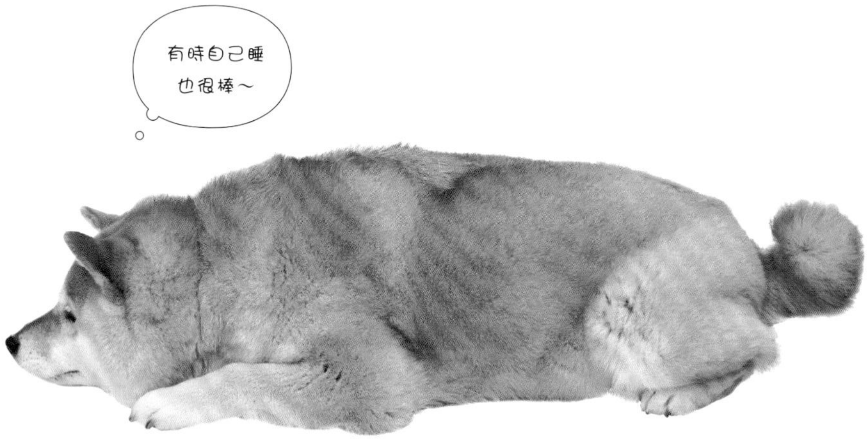

種，與其他人狗之間會保有獨特的距離，因此全家人待在客廳看電視時，狗狗可能會跑到沒有人在的安靜場所睡覺等。

對狗狗來說最理想的狀態，就是有狗屋等固定的安心睡眠空間，但是也可以在飼主留意得到狀況的前提下，放任狗狗自行挑選喜歡的場所。

為愛犬設置睡眠場所時，建議選擇較少人通行的靜謐處，且必須能保持舒適的溫度。家中有幼童時，狗狗就很難依自己的步調入睡，這時請另行打造能讓狗狗放鬆入睡的獨立空間，例如：將睡床設在獨立的房間裡。

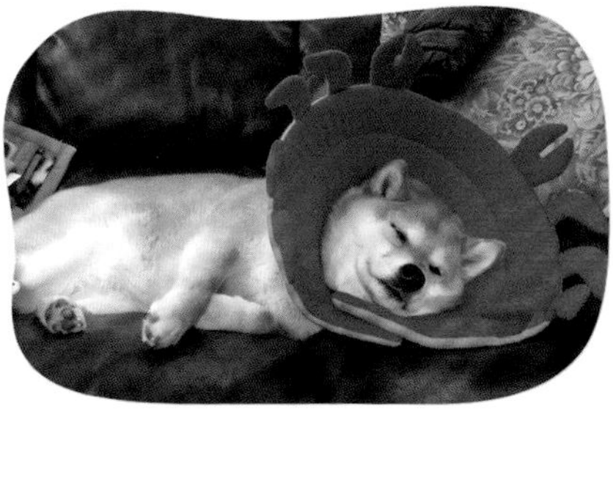

08 與人類之間保有一種「柴距離」

「柴距離」不是什麼艱深的學術用語，單純是指柴犬與其他人狗之間獨特的距離感，簡單來說，大概就像個人安全距離之類的東西吧。

如同人類社會般，雖然歐美人的生活中有頻繁的肌膚接觸，但日本人和他人距離太近時就會感到緊張。柴犬在這部分很像日本人，雖然願意主動靠近飼主，甚至將距離縮短至飼主可以一伸手就摸到狗狗屁股的程度，但卻不喜歡飼主隨意觸碰。如果一直盯著狗狗看，狗狗也會轉過身閃避。因此想要與柴犬和平共處，就必須尊重這份牠們特有的距離感。

儘管如此，最近很多狗狗的「柴距離」都很短，完全不怕飼主的親密接觸。事實上，在日常生活中觀察自家狗狗的「柴距離」，也是和柴犬生活的一大樂趣。

＼我同意你稍微摸一下。／

＼影子就能靠在一起呢！／

／ 看來兩位相當親近呢。＼

／ 柴犬的合照中可以看見難以言喻的距離感。＼

09 與狗狗之間也有「柴距離」

想知道狗狗之間的「柴距離」，只要看一眼右上的照片就能明白。即使是經常一起散步的玩伴，但為了拍照聚在一起時，彼此間卻隔了一到兩隻狗狗的距離。有的狗狗願意望向鏡頭，有的狗狗卻不耐煩地望向旁邊，像是在催促：「快點拍完啦！」由此就可以看出狗狗之間的「柴距離」了。

此外也很常聽見「柴犬無法與法國鬥牛犬等短鼻犬種和睦相處」的說法，這是因為狗狗透過嗅聞打招呼時，短鼻犬必須將臉靠得特別近，有時也會情緒高昂地撲過來邀約：「一起玩吧！」這當然會嚇到安全距離比較長的柴犬。

所以帶愛犬前往有許多狗狗的場所之前，建議飼主先掌握愛犬與其他狗狗間的「柴距離」。

10

「柴規矩」，我自己決定

該不該吃陌生人
給的零食呢～

我喜歡坐在
這個角落。

和柴犬一起生活時，常常會覺得「這孩子的個性真是相當一板一眼呢」。

舉例來說，狗狗為了聽清楚豆腐外送車的喇叭聲音，會在固定時間跑到窗邊等待；每天散步時，一定會跑到橋上看水鳥等。仔細觀察的話，會發現狗狗的日常生活中，有許多依自己想法決定的例行公事。

其中最具「柴式風格」的就是與食物、保養有關的守則。

首先絕對不吃陌生人給的零食，就算被塞進嘴裡也會立刻吐出來——這正是柴犬特有的狀況，而且有些狗狗對沒吃過的零食也會格外警戒。

此外有些狗狗在保養時，也有獨特的「柴規矩」，例如：梳毛的人或是梳理位置不同時、梳毛時間過長時，狗狗可能都會不開心。事實上這也代表飼主平常照顧得非常好，正因日常照料對狗狗來說很舒服，才會在稍有調整時覺得不對勁。

嚴守「柴規矩」的狗狗，和每天都細心照料狗狗的飼主，其實是很相像的呢。

我不要在
下雨天
散步啦~

11

下雨也一定要出門上廁所

很多柴犬雖然小時候願意在室內排泄，長大後就堅持只在戶外上廁所了。

每隻狗狗只願意在戶外排泄的原因不同，其中也有「在外面排泄比較舒服」、「不希望排泄物汙染自己的生活空間」等柴犬特有的堅持。所以無論天氣多麼惡劣，飼主都應想辦法帶狗狗出去散步，否則重要的愛犬要是便祕或罹患膀胱炎就不好了。但是柴犬又很討厭碰到水，雖然想排泄，但是討厭雨中散步也討厭穿雨衣的話，壞天氣下的散步就會同時對飼主與狗狗造成壓力。

為了避免發生如此事態，建議在狗狗長大後，每次順利在室內排泄就給予零食獎勵，讓狗狗認為「在室內排泄是好事一件」，或是想辦法引導狗狗在庭院或陽台排泄。如此一來，等狗狗上了年紀，因為腰腿虛弱而漸漸無法外出時，在室內排泄就不會對狗狗造成過大的壓力。

＼ 超級暢快！／

最喜歡咬咬了~♡

「咬」這種行為對狗狗來說再自然不過了，當「咬」的需求未獲得滿足時，可能會演變成輕咬飼主的舉動。以下將介紹能滿足「咬」需求的玩具與玩耍方式。

飼主可以選擇稍硬的玩具，但是太硬的話可能會造成斷牙或是對齒列造成影響。將玩具從高於30公分處往下丟，發出「叩」的碰撞聲代表「太硬」，這類玩具就不適合拿給狗狗玩。

為了讓狗狗自己玩時不會一下子就咬壞或是咬出碎片，建議選擇橡膠類或是兒童益智玩具等較安全的類型。有棉花或釦子的玩具同樣不適合，因為狗狗可能會把零件吞進肚子裡。如果飼主會陪玩，就推薦耐咬繩等可以磨牙的類型。柴犬對任何事物都很快就膩，所以建議備妥數種玩具，在狗狗玩膩之前就換下一種；也要記得把玩具收好，別讓狗狗失去新鮮感。

此外，有些狗狗對沾染飼主氣味的鞋子、包包更有興趣，其中特別耐咬的手機更是深受牠們喜愛。所以最聰明的作法，就是把不能咬的物品，都收到牠們看不見的地方。

12

「咬咬」是一種重要的娛樂

哎呀，最愛紙箱了

柴犬怎麼會這麼適合紙箱呢？不要想得太複雜了，
一起體會紙箱的美妙吧？

還是待在
箱子裡最安心♡

這個方向不對。

今天這樣坐吧。

嘿咻！

COLUMN
小花的秘密①

I LOVE 紙箱

Q 小花是幾歲開始喜歡待在紙箱呢？

A 大約從兩歲開始。我們開始在晴朗的白天繫上牽繩，讓牠待在戶外曬太陽後就養成了這樣的習慣。

Q 小花對紙箱有什麼特殊喜好嗎？

A 牠喜歡蘋果箱。因為尺寸與高度適中，也能吸收濕氣。

Q 你們是怎麼取得紙箱的呢？

A 我們去超市購物時，會把採購的物品裝在超市提供的箱子裡帶回家。

Q 平常維持幾個紙箱庫存呢？

A 通常是三個左右。

以「不要不要」的可愛模樣爆紅的小花，待在樸素紙箱裡的模樣也很受歡迎♪這次特別捕捉了小花踏進紙箱中的流程！什麼，你說這很普通？不不，就算這是普通的蘋果箱，小花仍要先仔細確認味道，然後緩緩地踏入前腳，等全身都進到紙箱後輕輕轉一圈，想好今天要面對哪個方向，再一口氣坐下。

這模樣簡直就像人類準備泡澡一樣，非常有趣呢！

嗚啊～
來睡一覺吧！
嗅嗅聞聞！
今天感覺
也很不錯♪

坐在籃子裡的話，「柴距離」好像拉近了不少？

基本上去程會自己走，回程則是輕鬆至上。

坐在大賣場購物車裡參觀是最舒服的。

紙箱以外的
箱狀物也很棒♡

箱中小花寫真館

從這些照片看來，小花果然是隻「箱」閨中的柴犬呢。據說牠玩累了就會躲進箱子裡，讓飼主把牠搬回家。因此在替自家愛犬選擇紙箱時，記得選擇底部堅固的類型，才不會在搬動時讓狗狗摔到地上喔～

紙箱也具有防寒效果，看起來一點也不冷呢！

說我像搞笑藝人？
怎麼這樣？

聽說現在也有超大尺寸的箱子了。

不管是被罵時還是生病時，紙箱都會陪伴小花～

天氣熱時也會跑進紙箱，把下巴擱在箱緣，然後不知不覺間就睡著了。

2 章

阿柴的心內話

其實比你以為的還敏感，有意見嗎？

柴犬的站姿強勁凜然，
似乎不會輕易展現弱點，
但是聽說牠們其實都是玻璃心……。

13

搖尾巴
不一定等於開心

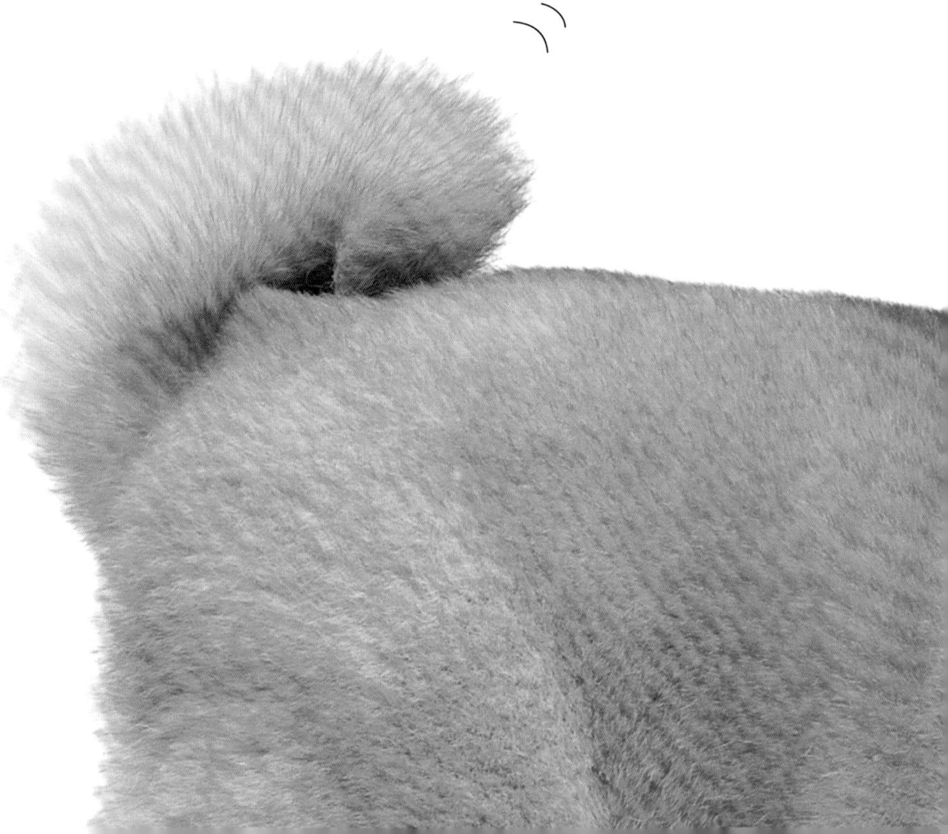

豎起後蓬鬆捲起的尾巴，是柴犬的特徵之一。

柴犬的尾巴種類五花八門，卷尾有鬆鬆卷起的類型、雙重卷成漩渦的類型、在腰部上方卷成太鼓狀的類型；直尾則有筆直指向前方的類型、日本刀般指向天空的類型。此外，也有介於兩者之間的半直尾，種類相當豐富。

很多人都以為狗狗搖尾巴代表高興，但是除了高興以外，狗狗在期待、緊張、表達愛意、確認情況、邀玩、警戒或警告時也會搖尾巴。所以才會經常聽到有人表示：「我看到狗狗搖尾巴，以為牠很開心，結果靠近後就被咬了。」

此外狗狗尾巴下垂時代表專注、表達順從，也可能隱含壓力、恐懼、警戒或放鬆等不同的情緒。順道一提，高齡犬的尾巴有下垂的傾向，這是因為尾巴肌肉隨著年齡增長衰退才造成的。

由於狗狗的尾巴蘊藏著這麼多可能性，所以在解讀狗狗情緒時不能只看特定部位，綜觀現場情況、全身散發出的氣息、張嘴狀態、姿勢、耳朵方向、眼神、呼吸等，才是聰明的做法。

順道一提，柴犬比其他犬種更容易追著自己的尾巴跑，甚至會咬自己的尾巴。這種追尾巴的行為如果屬於玩耍性質，一下子就停止的話便沒有問題。但是如果狗狗咬到尾巴都受傷了，可能是心理承受著重大壓力，必須尋求動物行為治療師的幫助。

14

有守護地盤 & 所有物的天性

狗狗的祖先屬於群居動物，所以必須從外敵侵襲中守護自己的地盤與獵物，據說柴犬就繼承了許多祖先特質。狗狗可能會受到某種刺激而進入守護模式，將狗屋、喜歡的沙發、潔牙凝膠、玩具、飼主不小心掉到地上的髮圈、原子筆（可能都是些飼主不懂狗狗為什麼執著的物品）等視為「自己的所有物」，對任何想侵犯這些領域的人狗產生低吼或啃咬等攻擊行為。

這時斥責狗狗可能會激化攻擊性，因此平常就要用零食搭配指令誘導狗狗，例如：狗狗守護沙發或床時，就下達「走開」的指令，守護狗屋時就下達「出來」的指令，守護其他物品時就下達「給我」的指令，藉此消弭狗狗守護所有物的習慣。

誘導狗狗的時候千萬不可以瞞騙，要是只出示零食卻沒有實際餵食的話，狗狗會有所防備，想著：「又來了，我之前才被你騙過，才不會相信你！」守護所有物的行為反而會更強烈。與狗狗相處的時候，信賴關係是非常重要的。

不會交出這顆球的。

15

保有獵犬的習性，喜歡自己做決定

看到狗狗在散步途中卯起來追鴿子，或是咬著玩偶用力甩動等出自本能的動作時，會忍不住思考：「真不愧是曾為獵犬的犬種呢～」

獵犬大致上可分成獵鳥犬與獵獸犬兩種，適合的犬種依狩獵的目標物而異。例如：擅長銜著獵物與游泳的貴賓犬，就能從河川或水池中咬回獵人擊落的鴨子；身體細長的臘腸犬，擅長追捕躲進狹窄洞穴的兔子或鼬鼠。

據說柴犬就常用來狩獵鳥類或小型動物。柴犬的體型在日本犬中偏小，因此若要獵熊或鹿等大型野獸，就會選擇北海道犬、秋田犬、四國犬、紀州犬與甲斐犬。不過柴犬雖然比較小隻，卻有著為牠們帶來絕佳的聽力的立耳，再加上強壯又敏捷的特性，讓牠們可以成為獵人的好搭檔。和獵人一起入山的柴犬，除了具備追捕鳥類的能力之外，還能捕獲兔子與狸等獵物。

此外柴犬也擁有優秀的記憶力，能牢記曾發生過危險的場所，從曾經狩獵成功的狀況中學習。人們對柴犬的能力讚譽有加，因此現在也有人飼養柴犬，用來趕走破壞農作物的猴子。個性忠誠的柴犬也相當勇敢，在山中散步途中遇到熊時，也會挺身吠叫想趕走熊以保護飼主。

綜前所述，可以知道柴犬具備自行下判斷並依此行動的能力，或許就是因為如此，才會有那麼多我行我素的柴犬吧？

差不多該拿出真正的肉了吧！

16 也有很會暈車的類型

相較於其他犬種，柴犬真的特別容易暈車，當然，也是有完全不會暈車的柴犬。就像人類也分成會暈車與不會暈車一樣，其實都是體質作祟，最好的方法就是不要勉強。

那麼，為什麼狗狗也會暈車呢？當眼睛與耳朵送至腦部的資訊有所落差，自律神經無法順利運作時就會造成暈車。控制循環系統與消化系統的自律神經亂掉的時候，也會造成嘔吐等症狀。

除此之外狗狗的暈車也可能源自於不習慣車內空間或氣味、每次搭車都是前往動物醫院等討厭的場所、之前搭車時曾經吐過，或是每次搭車都得待在籠子裡等因素，當狗狗將「搭車」與「負面記憶」連結起來時，可能就會暈車。所以想要改善狗狗的暈車症狀，就要讓狗狗建立「搭車＝好事」的概念。

狗狗暈車的警訊包括焦躁不

SUBARU
XV
我搭過各式各樣的
車子，從來沒有
暈車過喲～！

安、吠叫、呼吸急促、不斷打哈欠與顫抖等症狀，持續惡化就會流口水、嘔吐。若狗狗反覆嘔吐，還會引發脫水狀態。因此只要發現愛犬「不太舒服」時，就應立刻停車讓狗狗休息一下。

想預防狗狗暈車，建議從短程搭車開始讓愛犬慢慢適應。或是讓狗狗在車內採取舒適的坐姿或趴姿、將狗狗放進籠子或箱子裡減輕車輛震動，此外搭車前的飲食減量也很有效。近來市面上也出現狗狗專用的暈車藥，所以不妨向醫師諮詢後使用。

17

很怕打雷跟煙火

據說狗狗的聽力是人類的6至10倍，正因聽力如此優秀，所以牠們比人類更討厭劇烈的聲響。其中柴犬又特別討厭雷聲、煙火、慶典鼓聲、運動會時的槍響等聲響。

眾多聲響中尤以雷聲特別難預測，而且還會反覆數次、持續數十分鐘。

狗狗被這些聲響嚇到時，會呼吸急促、流口水、吠叫、顫抖、焦躁、躲到飼主身邊、漏尿，或想躲到昏暗的場所，這時可能連最喜歡的玩具或零食都吸引不了牠們。有些狗狗會因為過於恐懼想逃跑，進而破壞牆壁或門，或自己待著的紙箱。最令人難過的是在雷雨季節散步時，有些柴犬會被雷聲嚇得逃跑，甚至走失回不了家。

因此在可能會打雷的時節裡，飼主應特別留意氣象報告，避免讓狗狗獨自看家，並調整散步時間以避免遇到打雷。家裡平常都沒人時，則建議為狗狗所待的房間設置隔音效果良好的雙層窗，並關緊窗簾別讓狗狗感受到閃電。

得知舉辦煙火大會或運動會的日期時，飼主可以選擇在家陪伴愛犬。要是愛犬不怕坐車，還可以帶狗狗前往聽不到煙火或運動會槍響的場所。

將狗狗養在戶外時，則應謹慎檢查基地內的柵欄，避免狗狗嚇到跑出家裡。

動物醫院

BEFORE

本書的可愛模特兒小花也很討厭去動物醫院（具體來說是討厭打針）！從照片中的表情變化，應該可以看出小花有多抗拒醫院了吧（苦笑）。

筆者待在動物醫院的候診室時，曾經聽見診間傳來悽慘的哀號聲，後來從診間逃出來的是一隻壯碩的公柴犬。還以為這隻柴犬剛接受非常辛苦的治療，結果飼主卻不禁苦笑道：「剛才只有剪趾甲跟清耳朵而已。」一旦讓柴犬覺得「去醫院很恐怖」，牠們就會牢記這樣的想法一輩子。

事實上以動物的角度來說，這是非常重要的本能。柴犬的DNA中仍殘存著野生的

18 真的很討厭

AFTER

習性，特別擅長「察覺危險並熟記這個狀況」。因此相較於快樂的事情，柴犬對抗拒的事情會記得特別久。

正因如此，就算只是散步途中，柴犬也會抗拒經過醫院。想要改善這種狀況，建議先找熟悉的醫師商量，在狗狗不需要任何治療且醫院不忙的時候，徵得醫師同意，帶狗狗上醫院逛逛，並請醫師給予零食，讓狗狗對「上醫院」這件事情留下好印象。

19

在陌生環境過夜可能會生病

很多家庭因為愛犬會暈車而無法帶出去旅行，所以每次旅行時一定要有人留在家中照顧狗狗。但是遇到婚喪喜慶，或是飼主必須照顧住院親人時，就不得不讓狗狗獨自留在家中了。

讓柴犬長時間獨自看家時，最令人擔憂的就是排泄問題。很多狗狗只願意在散步時排泄，所以每天至少要外出散步兩次。但若輕率地覺得：「我家狗狗平常都叫不來，也不愛撒嬌，所以先寄放在動物醫院或寵物旅館也無妨。」然後隨便將愛犬待到陌生的地方寄宿，可就大錯特錯了。事實上很多狗狗外出住宿回家後，都變得虛弱消瘦。

乍看冷酷的柴犬，內心其實是很敏感的。飼主帶狗狗外出住宿時雖然想著「兩天後我就帶你回家了，別擔心」，但是對狗狗來說卻是滿心不安：「主人怎麼突然帶我到陌生的地方？」「這裡到底是哪裡？為什麼會有陌生狗狗對我吠？」「這裡的氣味和睡床的觸感，都和家裡的不一樣！」「我的家人都去哪裡了？」

相較於完全陌生的寵物旅館，習慣的動物醫院等打過交道的場所，反而還能令狗狗稍微安心一些。動物醫師也對此表示：「離開家人獨自過夜，會對柴犬造成相當大的心理壓力，可能會出現不吃不喝、腹瀉等情況，嚴重時甚至可能出現血便。」

愛犬的健康狀態曾因外出住宿而大幅滑落時，則建議採用下列方法：

有和愛犬相處融洽的親戚、朋友或鄰近玩伴時，平常就多帶愛犬去對方家裡走走，如此一來就可以在不得不的情況下，將愛犬寄放在對方家或請對方到自家來照料愛犬。這對狗狗來說「環境沒有改變」，就能大幅減輕心理壓力。除此之外，近來也有許多寵物保母服務，所以平常也可以先找好適合愛犬的保母，以備不時之需。

20 希望飼主了解的安定訊號

【嗅聞】

【搔抓】

【瞇眼】

有時會在奇怪的時間點，看見狗狗做出某些生活中常見的動作，讓飼主一頭霧水地想著：「為什麼你現在要這樣？」其實這些動作很有可能是狗狗想要向飼主傾訴週遭發生的狀況。

散步途中看到陌生狗逼近時，狗狗直接在路中央坐下並開始搔著身體；有時一直要求狗狗坐好拍照時，狗狗會打起大大的哈欠或瞇細雙眼；有時同胎狗狗

【舔嘴巴】

【撇過臉】

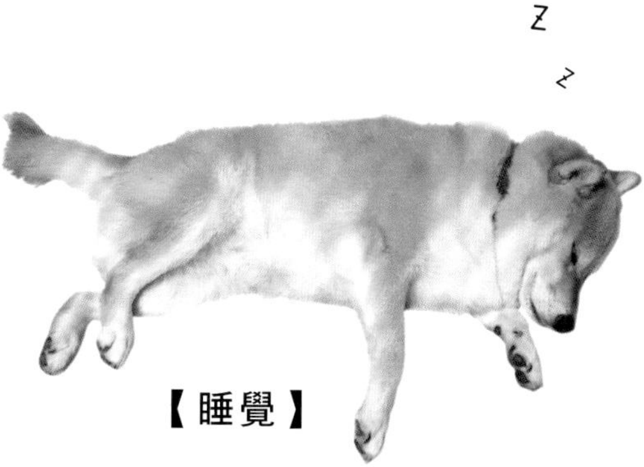

【睡覺】

【打哈欠】

快要打起來時，卻突然舔起自己的嘴巴——各位是否經常遇見這種情況呢？

其實這些行為源於狗狗與生俱來的優秀能力，可以避免與其他人或狗發生紛爭，一般稱之為「安定訊號」。

上面列舉的是狗狗常見的安定訊號，不管是哪一種反應，都出自於「覺得抗拒所以希望對方停止」、「害怕」、「希望對方冷靜一點」等情緒。當然，相同的舉止出現在不同情況時，也可能蘊含著其他意義。

想成為一個合格的飼主，就必須懂得解讀愛犬的安定訊號，才能為不會講話的愛犬消除不安與壓力。

21

換毛期是很辛苦的

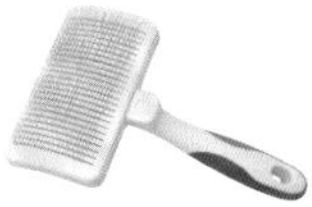

柴犬的毛屬於雙層毛，是由上毛（衛毛）與下毛（底毛）組成的雙層結構。

狗狗的被毛發育與脫落遵循一定週期，其中春季與秋季的掉毛量特別大。狗狗的冬毛會在逐漸溫暖的三月左右開始脫落，轉換成較稀疏的夏毛。有些柴犬還會像羊一樣，體表浮起一層毛。夏毛則是到了秋季就會開始脫落，並長出棉花般的冬毛。

很多飼主會在換毛期更努力幫愛犬梳毛，但是往往會適得其

反，不少柴犬都因此變得討厭梳毛。除毛專用梳可以將脫落被毛梳成有趣的形狀，因此很多人會不由自主以使用針梳的力道去梳，但是這類剃刀般的梳齒其實很銳利，太用力的話會傷到狗狗的皮膚，狗狗也會覺得疼痛。

柴犬的個性是一旦覺得討厭就會抗拒一輩子，但是梳毛對擁有雙層毛的牠們來說是不可或缺的，因此就算愛犬討厭梳毛仍必須想辦法進行。

假設愛犬對現有的梳子很抗拒，不妨換成橡膠梳、圓頭梳、獸毛梳等。但若費盡千辛萬苦後愛犬仍排斥梳毛，也可試著以溼毛巾擦拭愛犬的身體，並將梳毛的工作交給動物醫院或美容中心。

為心思敏感的柴犬梳毛時，可得小心別令牠們感到抗拒！

柴犬是雙層毛，
所以被毛很豐厚。

掉毛量可不是
開玩笑的。
JAつがる

22

「舔舔」中藏有五花八門的原因

狗狗吃飽後會舔餐碗、飼主洗完澡或回家剛脫下襪子時，狗狗也會舔飼主的腳、有時也會舔舔睡著飼主的嘴巴，此外也會為了理毛舔自己的身體，或是舔飼主使用的枕頭、地板與地毯，甚至遇到初次見到的物體時也會舔一舔——這些動作背後其實蘊含著各式各樣的理由。

其中有不少理由都需要飼主去發掘，尤其是狗狗執拗地舔拭自己身體特定部位的時候。狗狗很常舔腳掌等特定部位時，可能是腳掌出了什麼問題，所以會痛、會癢。

如果狗狗舔舐的部位沒有痛癢等異狀，卻持續舔到掉毛、發紅時，就可能是狗狗的心理承受著某種壓力。

因此當飼主發現狗狗有奇特行為時，就尋求行為治療專家的意見吧。

23 「抓抓」中也有五花八門的原因

狗狗三不五時就會搔抓自己的身體，請各位飼主趁愛犬健康時，確認正常狀態下「搔抓身體」的間隔、次數與常抓的部位吧。因為狗狗罹患皮膚疾病，或有跳蚤、蟎蟲等寄生時，搔抓的頻率就會變高。先掌握正常狀態時的習慣，飼主才能在愛犬不斷搔抓特定部位時發現異狀。

P50介紹安定訊號時有稍微提到，狗狗感受到壓力時也會搔抓身體，所以飼主發現異狀時就必須仔細觀察現場狀況。

有時替愛犬抓抓牠們後腳抓不到的後頸與尾巴根部時，狗狗會露出舒服的表情。只要不是特別抗拒他人觸摸的狗狗，代為抓抓這些舒服的部位時，牠們肯定會更加喜愛飼主。

24

偶爾也有沮喪的時候

與飼主之間也保有「柴距離」的柴犬，其實也是很怕寂寞的，或許這樣的反差正是柴犬的一大魅力吧。

最常聽見的例子，就是假日需要獨自看家時，柴犬會表現得特別沮喪。明明平常大家出門上班上課時，狗狗都漠不關心地繼續睡覺，到了假日卻不是這回事。全家人出去玩或購物，把狗狗獨自留在家裡時，狗狗就會強烈抗議：「不要丟下我！」要是真的讓狗狗自己看家，回家後就會發現狗狗躲起來鬧脾氣。各位家裡的柴犬又是如何呢？

對飼主忠心耿耿的柴犬，如果被重視的家人丟在家裡，或是遭飼主斥責時都會情緒低落，久久不能釋懷。因此很常聽見柴犬被罵後，到隔天都不願意進食的案例——多麼地玻璃心啊！

此外，有些柴犬遇到飼主工作變忙而減少待在家的時間、家庭成員獨自外派、孩子升學或就職、原本整天在家陪伴的專業主婦外出工作等狀況時，寂寞的壓力甚至會導致腸胃不適。因此飼養柴犬時，必須針對這些家庭與環境變化多費一些心力，幫助狗狗慢慢適應。

覺得狗狗好像心情不佳時，不妨帶去遠一點的地方散步，或是買新玩具回家陪牠玩。

有些聰明的柴犬發現自己沮喪時，飼主就會多陪伴自己，為了獲取這份快樂還會發揮驚人演技假裝沮喪。不過這也沒什麼好擔心的，對朝夕相處的飼主來說，久了還是可以知道愛犬每逢哪個時間點，就會藉此來吸引自己的注意力！

對時尚的堅持

沒想到很擅長角色扮演的小花，擁有的衣服竟然只有一件雨衣。
接下來一起欣賞柴犬特有的時尚吧！

\ 總覺得頭好重喔？ /

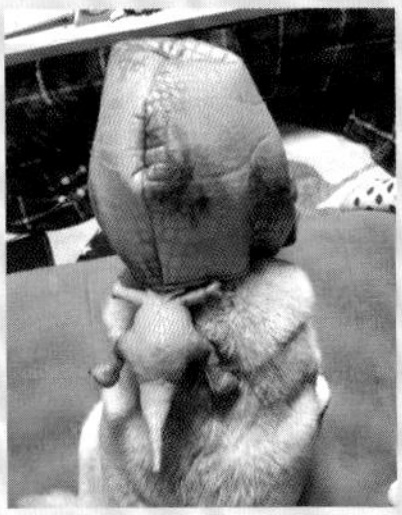

這是怎麼回事……？
隱約感受到了小花的憤怒。

這種放空的眼神，讓每個柴犬
愛好者看了都為之著迷。

帽子篇

「小花不喜歡戴帽子。」儘管如此，小花還是這麼努力的模樣真是了不起。可別讓小花知道，大家都覺得牠不太高興的模樣很萌喔！

\ 不給肉就搗蛋！ /

根本看不出是誰了！
原來是小花啊～

小花在笑嗎？不，雖然十月
了，但是小花很熱呢。

我是小花卷

乍看是賣火柴的少女，
不過小花什麼都沒賣喔！

盛夏還戴帽子
就太熱了啦～

哎呀，你好啊♪

＼ 超討厭這種突發奇想～ ／

春天外出散步時，會遇到櫻花或白三葉草等花瓣，到處都是讓人想放在小花頭上的東西呢！

＼ 我看不到前面了…… ／

妳在生氣嗎？妳沒生氣吧？不，應該是生氣了？

情不自禁幫小花戴上的帽子，或許今天的「 不要不要」是對帽子的抗議呢？

這位小姐，
妳的屁股不冷嗎？

難得穿上衣服的模樣，不過整個屁屁都露出來了。♪

番外篇

帽子以外的角色扮演可愛道具！

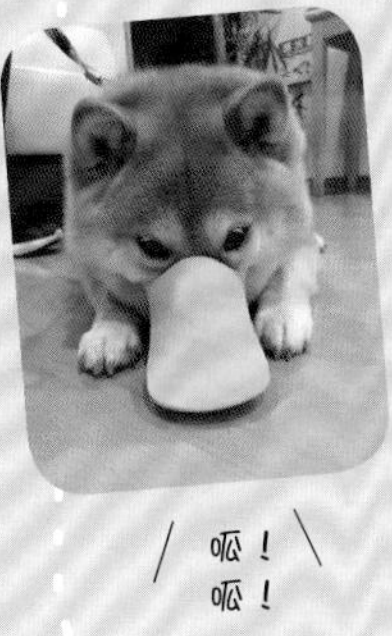

／ 呕！呕！ ＼

我的腳
＼ 有這麼大嗎？ ／

項圈篇

相信很多人都有注意到，小花的項圈相當可愛，有些混搭了人用髮飾，有些則是媽媽或朋友親手製作的。

放有許多項圈跟牽繩的收納盒，真不愧是小花！

謝謝為我親手製作這個項圈的朋友！

畢竟柴犬的毛很密集呢

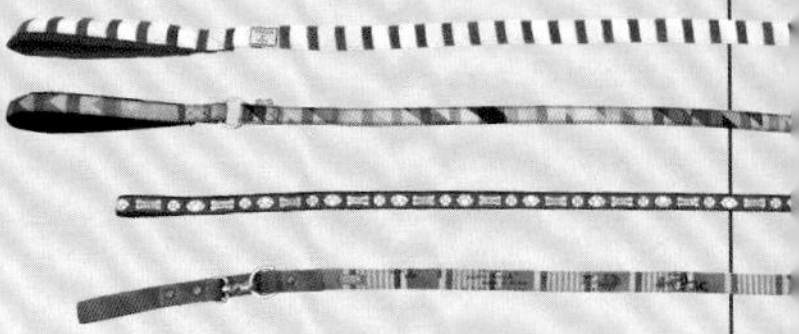

小花特別喜歡的其中幾條牽繩，都是很少女風的顏色呢～

雖然不喜歡穿衣服，但是對頸部時尚可是很講究的♡

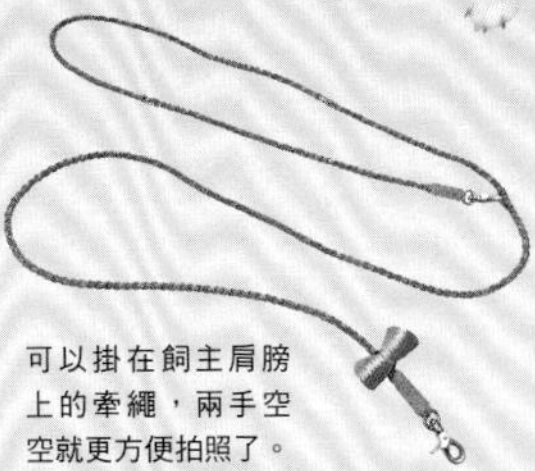

可以掛在飼主肩膀上的牽繩，兩手空空就更方便拍照了。

我馬麻的品味很不錯吧？

基本上都穿胸背帶，花紋會依牽繩做選擇。

媽媽手工製作的項圈，材料均價30元！厲害吧～

柴犬也是很享受時尚的！

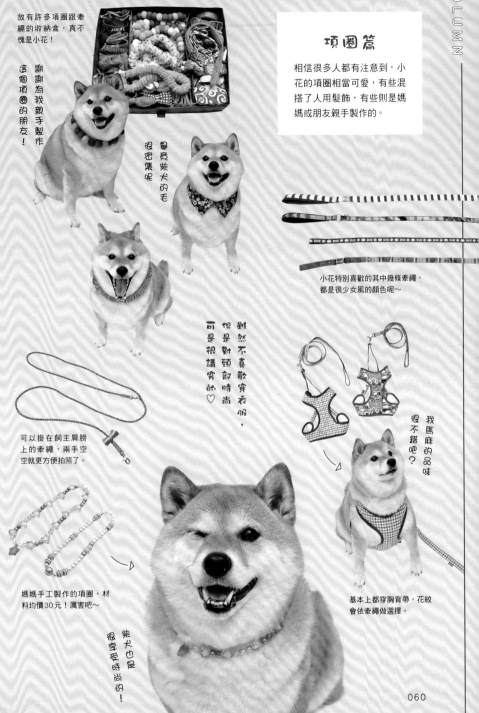

3 章

阿柴的心內話

這樣比較好吃嗎？還是只是好玩呢？

唯有朝夕相處才能看到
許多柴犬獨特的舉動與謎樣行為，
其實這些舉止背後都藏有各種理由，
了解後肯定會恍然大悟。

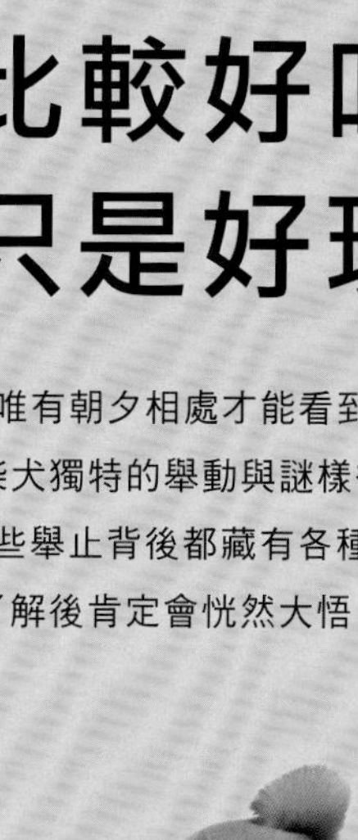

25 嗅嗅是活著的一大樂趣

狗狗的嗅覺比人類靈敏，能力落差依氣味而異。據說狗狗對酸味的敏感度是人類的1億倍、對腐壞奶油的敏感度為80萬倍、紫羅蘭花為1千倍、大蒜味則約為2千倍。

警犬便徹底發揮了這項優勢，牠們可以透過人體汗水中的揮發物質——脂肪酸，追蹤人類的足跡。

由此可看出，嗅覺對狗狗來說非常重要。因此狗狗會藉散步嗅聞各種氣味以刺激嗅覺，若是將狗狗整天關在室內，就算身體玩得很疲倦了，與嗅覺相關的腦部刺激仍遠遠不夠。據說讓狗狗外出散步嗅聞豐富的氣味，有助於活化腦部、預防或延緩失智症。

可別認為「散步＝步行數十分鐘＝辛苦」，要是無法安排出一大段散步時間，也可以牽著愛犬繞行自家走個五分鐘，讓狗狗邊走邊聞。總而言之請對狗狗的散步多花費心思，幫助刺激愛犬的嗅覺吧。

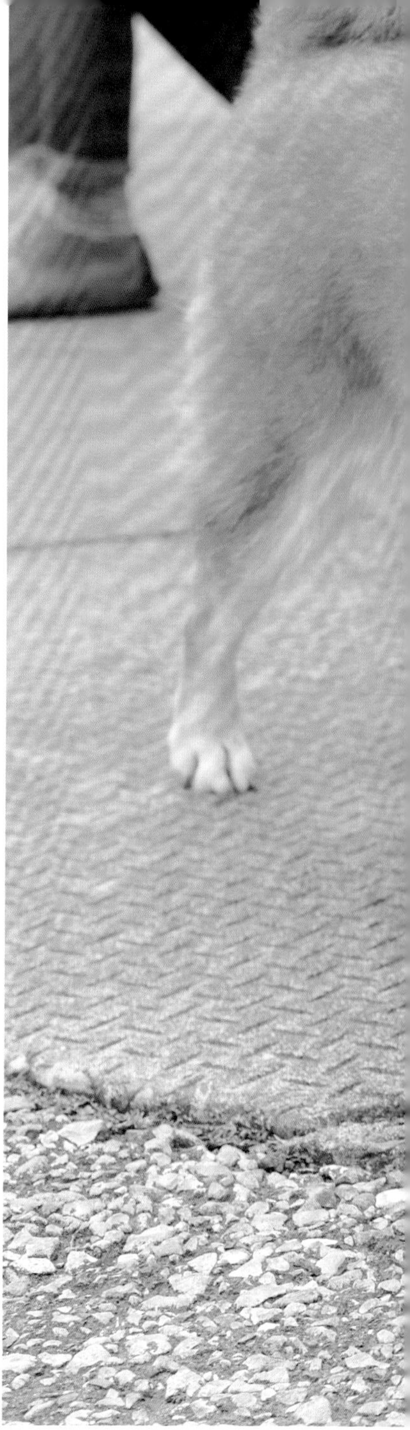

26

散步時會想吃草

狗狗到底為什麼會吃草呢？關於這件事情眾說紛紜，目前較主流的看法是為了調節腸胃不適、補充維生素、消除壓力與單純喜歡等。

狗狗腸胃出狀況時，可能是想藉吃草促進腸胃蠕動，幫助宿便排出，或是讓草帶著腸胃中的毛球等異物一起排出。

此外，狗狗也可能是藉由吃草補充體內不足葉酸（黃綠色蔬菜、蔬菜與肝臟中富含的維生素）。

從壓力的角度來看，要是飼主在散步途中止步與他人談話，狗狗也可能因為太無聊而開始吃草。

由此可知狗狗吃草的原因五花八門，但是沿途的草可能有農藥或寄生蟲，所以仍應盡量阻止狗狗食用戶外的草。

事實上也有狗狗吃草不是因為腸胃問題或壓力，僅是單純喜歡吃草，而且喜歡吃的草類也依狗狗而異。有的狗狗專挑禾本科的雜草、竹葉或是蒲公英；也有狗狗專挑庭院裡的無花果、紫蘇或羅勒的葉片來吃。雖然柴犬等日本犬世代都與日本的豐沛自然共存，本能上不太會主動食用繡球花、桔梗、杜鵑花、水仙與鈴蘭等有毒植物，但小心起見，仍應避免在自家庭院種植這些植物，以免愛犬中毒。此外擺在室內的觀賞植物，也有很多對狗狗來說具有毒性，所以必須格外留意。

不管狗狗吃草的原因是什麼，只要發生大量吃草且頻繁嘔吐的情況，就可能是腸胃疾病、寄生蟲或是肝腎問題，請儘早帶狗狗去看醫生。

夏天轉眼間就長高了。

園藝店銷售的「燕麥」俗稱「寵物專用草」，屬於禾本科，可以在自宅從種子開始種起。

27

吃再多也不會飽

狗狗在野生時代必須狩獵，由於不是每天都捕得到獵物，所以牠們一遇到進食的機會，就會一口氣塞滿整個胃，因此胃中可以裝滿達體重五分之一的食物。

各位或許見過愛犬用餐後仍一副想吃的模樣，這時請理解「吃不飽是狗狗的天性」，小心別讓愛犬吃得過多導致發胖。此外結紮也會讓狗狗食欲提升，造成體重增加。

因此請各位向往來醫師確認愛犬的理想體重，同時也別輸給愛犬一臉「吃不夠！我還要再吃！」的討食功力。

28

有時會把食物埋起來

不管餵多少飯，狗狗都會吃光光，但是餵食潔牙凝膠或又硬又大的零食時，狗狗就會藏在睡床或沙發墊下面——各位是否遇過這樣的情況呢？

這也是狗狗從狩獵時代留下的習性。為了避免吃不完的肉被其他動物搶走，狗狗會將剩餘的食物埋進土裡。此外將食物埋進冰冷的土裡，也有助於延長保存期限。

更何況柴犬還有「守護」自己所有物的習性，因此有人經過藏食物的地方時，狗狗可能還會低吼、攻擊，所以飼主還是應稍微了解愛犬都將食物藏在哪裡會比較保險。

和精神奕奕的柴犬一起散步雖然開心，但是狗狗善變的個性也令人不禁苦笑。

假設狗狗注意到前方有其他動物時，可能就會強行拉著牽繩想要過去：「我得趕快去確認！」除此之外，狗狗有時會莫名地想跑回家，有時卻會抗拒回家。

好不容易回家後才剛幫愛犬把腳掌擦乾淨，狗狗就突然嚇到般地在屋內四處「暴衝」，這些行為對飼主來說都相當不可思議吧。

另外，狗狗心情不對的時候，也很難依照飼主的指令行事。舉例來說，飼主拿著玩具

做這件事啦！

來嘛！一起玩！

我現在就是要坐下。

我想鑽過這裡。

邀請愛犬一起玩時，狗狗可能會假裝沒看到，若是飼主不屈不撓地繼續進攻，狗狗就會深深地嘆一口氣後就前往別的房間。不過這種傲嬌的態度，其實也是柴犬的一大魅力嘛！

散步時，如果放任善變的愛犬主導前進方向，可能會遇見顏色很漂亮的野鳥，狗狗也會像要把鼻頭戳進野草裡一樣不停嗅聞地面。和重視散步的柴犬一起生活，就能像這樣邂逅許多只有和狗狗走在一起，才會察覺的小小自然景物。

偶爾順從愛犬的善變，或許能為生活帶來意想不到的新發現呢。

29 現在就是要

就說了我不要下去嘛～

你叫我抓扶手嗎？

啊！我的球～！

30

玩耍時多點花招
會更開心喔

以容易厭煩聞名的柴犬，就算願意玩投球遊戲，也往往會在試個三四次後就宣告放棄。

因此與柴犬玩時有特別的訣竅，那就是要「花招百出」。以投球遊戲為例，不要在狗狗看到球後就馬上投出，有時可以藏在自己的身後，有時則可由飼主自行拍球玩給狗狗看，表現出：「這顆球好好玩喔~」如此一來，球在狗狗眼裡就會變成「有趣又充滿魅力的東西」，正好順了飼主的心意。接著讓狗狗嗅聞或咬咬球後再丟出去，狗狗就會興高采烈地衝出去撿了。狗狗希望飼主再次丟球的話，就會咬回來給飼主，這時請獎勵狗狗後再持續兩次左右。

但是畢竟是柴犬，維持相同投法很快厭煩，所以有時飼主也應投往空中自行拋接，以提高狗狗的期待感。

＼自己玩／

＼很快就膩了／

31

擺出邀玩姿勢，就是在等飼主這樣做

狗狗伏低前腳、翹高臀部的姿勢，稱為「邀玩姿勢」。想要遊玩時，狗狗就會做出這種行禮般的動作，因此會看見感情不錯的狗狗之間互相表現，狗狗也會對飼主擺出「邀玩姿勢」。

狗狗之間做完「邀玩姿勢」後，可能就開始追逐、刻意仰躺表現出在遊戲中輸掉的模樣、互咬玩耍（會互相輕咬，力道非常輕，且不會針對同個部位），有時候也會將前腳搭在對方肩上，宛如在比賽相撲一樣。

然而柴犬有時會愈玩愈認真，進而發展成真咬。所以發現狗狗的身體緊繃、追逐遊戲中始終為其中一方追另外一方，或是一直咬同一個部位時，就得趕緊轉移狗狗的注意力，避免狗狗真的打起來。

愛犬向飼主做出「邀玩姿勢」後，飼主不妨試著這樣陪愛犬玩——向愛犬說聲：「要一起玩嗎？」接著便稍微張開雙臂並往前踏出，表現出：

「我要開始追你囉～」愛犬就會開心地覺得要開始玩追逐遊戲了。請飼主時而追逐、時而呼喚躲起來的愛犬名字。對狗狗來說，就連被飼主找到也非常開心，此外在追逐過程中也和愛犬玩起「狗相撲」的話，愛犬就會更喜歡熟知「狗狗玩耍要訣」的飼主。

正在閱讀本書的讀者，看到這樣的姿勢與笑容，是否也想和柴犬一起玩個痛快呢？

32

完全不在意物品的正確使用法

牽繩不是用來掛在
耳朵上的東西耶～

這個紙箱
會不會太小了？

妳的頭跑出來了，
不會痛嗎？

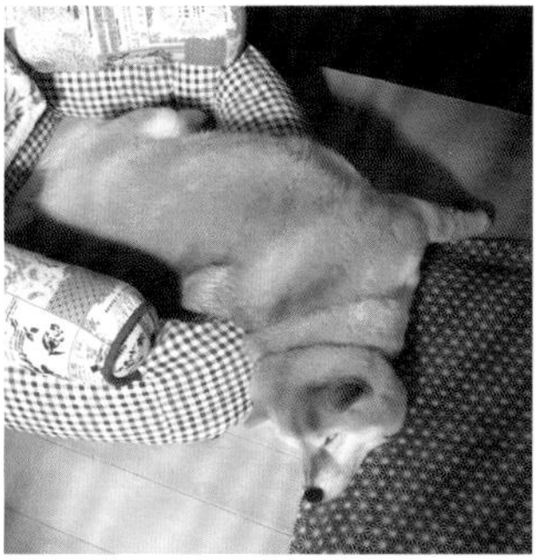

狗狗的睡床、狗屋、玩具、衣服——仔細思考，這些都是人類擅自為狗狗打造的物品，因為人類識字，所以只要閱讀使用說明書就能了解「這個玩具要這樣玩」、「這張床隆起的部位是枕頭，狗狗這樣躺會很舒服」，但狗狗或許根本就不在乎這些物品的正確用途。

特地為愛犬準備了新玩具，結果狗狗看也不看一眼，反而抱著破爛的拖鞋玩得不亦樂乎；半身都超出睡床了，結果狗狗還是睡得很香甜；擅自把狗屋當成「喝水的地方」，除此之外絕對不進屋……狗狗往往會像這樣依自己的想法使用物品，完全脫離飼主的預期。

此外柴犬雖然喜歡「新的物品」，但對沒見過的東西警戒心特別強。所以多的是飼主買新床回家超過一個月了，狗狗才願意踏上床的例子。也有飼主買了讓狗狗清涼的墊子後，特地將愛犬抱上墊子後，狗狗不小心滑了一跤後就再也不願意接近了。

狗狗用品的使用說明書，始終都是為了保護狗狗安全給人類看的，柴犬總是會有柴犬特有的用法。只要牠們覺得快樂舒服，就別加以干涉吧！

自己的堅持

自古以來狗狗給人的印象就是狼吞虎嚥，但是曾為獵犬的柴犬，同時也以賞玩犬的身分與人類一起生活，這讓牠們不再缺乏食物來源，用餐態度也就變得相當多元。

尤其是家裡只養一隻狗時，更是不用擔心糧食被搶走，所以有些狗狗不會一口氣吃完，會留下來，等想吃的時候再吃，也有些狗狗會刻意把食物灑到碗外再吃。最近愈來愈多飼主會水煮肉或蔬菜後切細，並撒上乾飼料後餵食，結果往後只餵飼料時，卻說不吃就不吃，和飼主大玩耐力賽。

現代狗狗的進食態度同樣五花八門，柴犬飼主應特別留意

【 趴著進食派 】

我喜歡這種爽脆的口感♡

【 仔細咀嚼品味派 】

我享受沉靜又悠閒的用餐時光。

33 用餐時也有

的，就是收拾餐碗的時候。柴犬的占有欲高於其他犬種，因此撤掉餐碗時狗狗可能會低吼，認為：「我重要的餐碗要被搶走了！」當然不是所有狗狗都會這樣，但是只要在收拾時發現愛犬變得緊繃或焦慮時，就應及早尋求行為治療專家的協助。

為愛犬設置用餐場所時，則應選擇較少人經過的地方，狗狗才能安心用餐。

【把食物灑到碗外派】

我覺得食物在碗外更好吃。

【把飼主的手當碗派】

有手手的味道，好好吃♪

34 看到小動物會不由自主地追逐與獵捕

春秋之間是小動物活躍的時期，因此飼主在這段期間帶狗狗外出散步時，必須比冬天更留意才行。

提到狗狗，就會連帶地想到貓咪。有些柴犬就算與貓咪生活在一起，外出遇到流浪貓時仍會喚醒狩獵本能，不由自主地追逐或低吼。然而對流浪貓窮追不捨的下場，可能會讓眼睛遭銳利的爪子抓傷。此外春秋之間也是貓咪的發情期，貓咪會比較亢奮，並且這段期間有很多母貓產子，此時的貓咪會更具攻擊性。散步時若發現可能有貓咪棲息的草叢時，就應盡量別讓愛犬靠近。

此外很多飼主在盛夏時為了

請注意這些小動物

下列僅為列舉。春夏時有很多家庭都會帶著狗狗享受大自然，這時要注意別靠近防波堤與磯岸水窪等處。因為很多人釣到石頭魚或鰻鯰等有毒的魚，都會直接丟在這裡，此外澤蟹、淡水龍蝦、螳螂等的身上也有寄生蟲，所以不要讓狗狗輕易靠近才是聰明的做法。

避免愛犬中暑，都會改成早晨與夜間散步，而夜間散步時就要特別留意蟾蜍的出沒。蟾蜍遇到危險時，會從耳後腺噴出毒液，背部的疣粒則會分泌出乳白色的有毒黏液。不知為何，有許多柴犬看到蟾蜍時都會刻意上前，結果沾到毒液而口吐白沫、嘔吐、痙攣，嚴重時甚至會致死。因此請各位飼主在夜間散步時，應攜帶手電筒並避開蟾蜍的棲息地。

　不管遇到哪一種小動物，只要愛犬有吃到或是被攻擊到，都應火速帶去動物醫院就診才行！

35

生來就是玩耍的天才

「我想和狗狗一起玩飛盤，但是狗狗一點興趣都沒有。」「狗狗完全不玩我買回來的玩具。」該不會柴犬其實不擅長玩耍吧？不不，絕對不是這樣的。

將幼童專用的柔軟足球丟給狗狗時，狗狗會靈活地用鼻頭頂回來，有時則會直接咬走到處奔跑。只要丟出不會撞痛臉的玩具，狗狗都能俐落地跳起來接住。此外狗狗也很喜歡咬著獵物甩來甩去，宛如要給予致命一擊；啟動掃地機器人後，有些狗狗會擺出邀玩姿勢在旁邊戲耍；將玩具藏在毯子等裡面時，狗狗也會像狐狸盯上雪中獵物般，做出獵殺般的舉止。

散步途中也有豐富的玩法，例如：在土質鬆軟、到處都是土撥鼠洞的場所時，狗狗也會專注地挖洞，或是特地把松毬果撿回家。

自古以來就生活在大自然中的柴犬，其實是玩耍的天才。就算牠們在家裡玩得很盡興，偶爾前往自然資源豐沛的場所時，就會表現出與平日截然不同的活潑模樣，或許還會展現出意外的才能喔！

我最喜歡松毬果了！

我咬～！

我可沒有犯規喔

不要不要，就是我的生存之道♪

這裡向大家展示小花的絕技「不要不要」。
不管是趴著還是站在高處，應有盡有，
連擠出來的下巴肉都是一大焦點呢！

固定場所①
請注意後面的電線桿。

讓人感受到「絕對不會輸給你」的強烈意志。

高難度！不要不要之ON THE 樹木殘株。

大絕招出現了！
外轉角磚上的不要不要之考驗平衡。

啊、這是不想進家門的表現。

天氣很晴朗，心情在下雨～

用稍微露出的眼白在撒嬌呢！

不要不要的經典款，下巴肉so cute

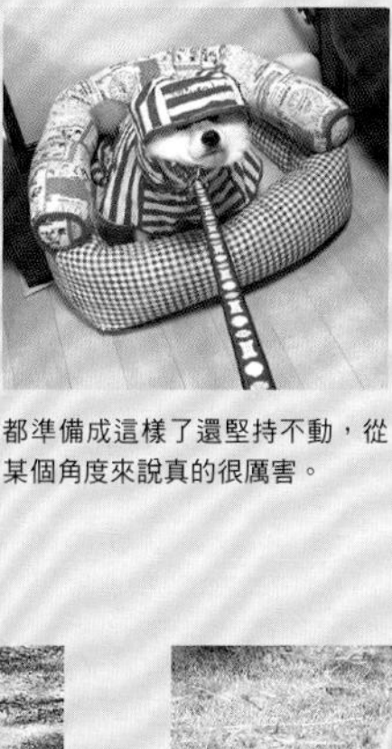

都準備成這樣了還堅持不動，從某個角度來說真的很厲害。

站在河堤邊邊的不要不要。都跟妳說了那邊很危險！

小花不要不要的時候，
連影子都好可愛。

「我要休息了。」
飼主取名為「哎喲喂呀」的不要不要。

固定場所②
季節會變，「不要不要」不會變。

一臉憤怒卻仍看著鏡頭，真不愧是人氣模特兒。

氣噗噗的還是乖乖讓飼主擦腳，真是複雜的少女心。

那裡是自己搔不到的地方，所以很舒服吧～

＼什麼？／

喜怒哀樂、困惑、
肚子餓……♡

從照片就能辨識的心情

自然不造作的可愛，正是小花如此受歡迎的原因！牠有時滿面燦笑，有時卻憤怒得有點可怕，有時像隻幼犬般天真，有時卻又像個歐巴桑。正是這麼千變萬化的表情，擄獲了眾人的心！

大搖大擺地躺在走廊中央，大家都過不去很困擾。

有時會想永遠沉浸在剛飽食一頓的餘韻裡呢。

為什麼看起來心情不好？

可以盡情拍攝臉部特寫，但是不可以吵醒牠喔。

我肚子餓了！
快給我零食。

滄桑的成熟女性。
是不是發現什麼美食了？

4 章

想讓牠們
快樂又長壽的
基本須知

狗狗的一生也有高低起伏，
然而只要和可靠的飼主在一起，就能度過難關。
以下將介紹和柴犬生活時，
一定會派上用場的各種知識。

嗯哼♡

36

勤加檢查肛門，掌握健康狀態

狗狗健康狀態良好時，在排便後用溼紙巾擦拭時，幾乎擦不到什麼糞便。但是改變食物或吃過多時，可能會出現軟便。因此為排便後的愛犬擦屁股，除了可以保持衛生外還兼具每日健康檢查的功效。

狗狗的肛門有袋狀臭腺「肛門腺」，又稱「肛門囊」。狗狗肛門腺堵塞時，可能會用臀部磨地面，或是一直注意自己的尾巴。放著不管會造成發炎，使肛門一帶的皮膚發紅，嚴重時肛門腺還會破裂，使肛門四周的皮膚破洞流血或流膿，因此建議一個月擠一次肛門腺。很少柴犬願意在家讓飼主擠肛門腺，委託動物醫院或美容中心會比較安心。

此外狗狗排便時過於用力，肛門黏膜與直腸還會掉出來，也就是俗稱的「脫肛」。因此發現愛犬頻繁注意、舔舐、搔抓臀部一帶，或是肛門周邊的顏色有異時，就應立刻帶愛犬去看醫生。

＼ 完美的肛門！ ／

37 全身上下都能摸摸，可是有很多好處的！

P20也提及，柴犬比其他犬種更不喜歡被觸摸，但是飼主平常仍必須想辦法讓愛犬不排斥自己的觸碰。

觸碰有助於及早發現腫塊或皮膚異狀等，此外讓狗狗習慣觸碰的話，到動物醫院診察時也會比較順利。

以下也介紹一些柴犬比較不排斥的觸碰方法。

雖然不喜歡他人冷不防的觸碰，但是柴犬的一大特徵，就是會主動靠在信賴的人身上，這時就是幫助狗狗適應觸摸的好機會。一開始應先從狗狗覺得舒服的部位（胸口等）開始摸，然後慢慢地拓寬範圍。每次觸摸時間不應太長，且要模仿狗狗抓癢時的方式。若狗狗數度回頭或是抖動身體，就是「不太喜歡」的意思，這時應馬上停手，等狗狗放鬆，並且心情不錯的時候再度挑戰。

＼總覺得好開心～♪／

嘿嘿♡

不是又亂吃路邊的東西了？

什麼嘛～原來是石頭……

啊！

妳在做什麼～？

這種東西也要？

這個也要～♪

這些都很迷人嘛～♪

狗狗散步時
容易亂撿的物品

擤鼻涕的衛生紙＆菸蒂

炸雞腿的骨頭

球

38 散步時異常安靜，是

愛犬散步途中忽然把臉伸進草叢，接著就叼出某種物品——各位飼主是否經常遇見這樣的狀況呢？

柴犬會將自己撿來的物品當成「所有物」守護，所以要從牠們口中取出這些物品時，狗狗可能會因為怕被搶走而吞下、低吼或咬飼主的手。

為了應付這種狀況，飼主應從愛犬還小時，就教牠們在聽見「給我」、「ＯＵＴ」等指令時鬆口。教導的時候先備妥零食或更有吸引力的玩具，在狗狗嘴裡叼著某物時，就把零食拿到狗狗面前，在狗狗為了吃零食而鬆口準備放下嘴裡物品時，說聲「ＯＵＴ」後再讓狗狗吃零食當作獎勵。反覆數次之後，狗狗便知道聽見「ＯＵＴ」時，乖乖放下嘴裡物品就能吃零食。

剛辦完活動的公園等場所，地面經常遺落許多沾有食物氣味與滋味的袋子、容器。因此飼主在散步時左顧右盼，或是忙著滑手機，讓愛犬脫離自己視線是相當危險的，請多注意別讓狗狗亂吃路上的物品。

此外烏鴉從垃圾堆翻出食物後，有時會不慎掉到地面，所以就算愛犬待的是自家庭園或是狗狗運動場，也必須事前確認地面是否出現異物。

美式熱狗＆串燒的竹籤

石頭

手套

沒吃完的麵包＆飯糰

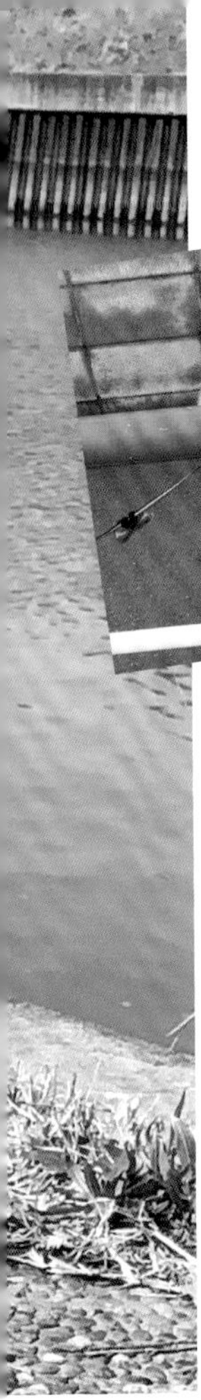

39

依照身體狀況、年齡與喜好決定散步的步調

不知為何，很多人對柴犬會抱持著「多走動就會變強壯」、「反正柴犬一定都很喜歡散步」等刻版印象。

但就像人類也不是每個人都喜歡運動，年輕健康的狗狗也有不同的個性。有的喜歡盡情奔跑，有的則比較喜歡依自己的步調，慢慢嗅聞沿途的地面氣味。所以飼主平常應多加觀察愛犬散步時的模樣，以掌握喜歡的散步方式與內容。

事實上飼主強迫狗狗散步的情況出乎預料的多，其中一大原因就是飼主盲目地認為：「我家狗狗很喜歡散步，也習慣散步了，沒問題的。」但是原本喜歡散步的狗狗開始排斥

時，背後就蘊藏著五花八門的原因，可能是身體不適、年紀大了走久很辛苦、不喜歡飼主安排的散步路線，或是不喜歡被牽繩拉著走等。所以在帶狗狗散步時，飼主應觀察愛犬是否出現異狀，邊觀察走路模樣邊依狗狗喜好與身體狀況調整散步內容。

此外狗狗上了年紀難以走路時，光是抱著狗狗或是放進推車裡外出走走，都能幫助愛犬轉心情。請各位別認為只有大量走路才是散步，有時也應從增加愛犬生活樂趣與轉換心情的角度，重新審視調整散步的步調喔。

40

獨自看家時，
發生什麼都不奇怪

柴犬特別重視自己的時間與空間，連飼主外出倒垃圾期間，狗狗都會寂寞得一直叫，這種小型犬常見的分離焦慮，可能會在狗狗長大後逐漸減輕。不過要提醒各位飼主注意的，是狗狗獨自看家期間的「誤食」。

狗狗為了排遣寂寞常見的情況有翻垃圾桶、啃咬家具或電線、吞下掉在地上的鈕扣或髮圈、把玩偶或坐墊等物品咬爛等種種行為。

最壞的情況就是吞下異物後胃部無法消化、會塞住腸道，甚至是無法排泄出來的物品，這時就必須動開腔手術取出異物。為了避免愛犬誤食或觸電，外出前一定要檢查室內狀況，回家後發現愛犬狀況有異時，就應立刻帶到動物醫院詳加檢查。

「讓狗狗獨自看家期間在家中自由走動的話，說不定會搗蛋！」有疑慮的時候建議準備較寬的圍欄，外出期間就將狗狗關在圍欄裡。但是在這之前應趁全家人都在的時候，就讓狗狗練習待在圍欄裡，狗狗才不會覺得：「每次獨自看家時都會被關進來，圍欄真討厭。」

41 必須謹慎看待中暑問題！

日本的夏季一年比一年嚴酷，但散步又是柴犬必備的例行公事，因此很多飼主都選擇在早上五點左右，以及太陽下山、地面冷卻的晚上七點以後遛狗。

大家都知道天氣炎熱時在戶外會中暑，但是其實大部分中暑都是在室內發生的。家中沒人時，將愛犬關在圍欄或籠子裡，讓牠們無法自由行動的話，就必須為愛犬選擇一整天都不會受到陽光直射的位置。此外室內氣溫有時候會上升得比預料中還高，所以建議事前設定好適度的空調溫度與風強，平日也要做好設備保養，避免臨時發生故障等。

各位飼主可能會在夏季帶狗狗去玩水，天氣炎熱時請務必在狗狗玩水後確實擦乾身體，否則皮膚可能會因悶熱的溼氣而發炎。

有些飼主心疼愛犬受酷暑折磨，因此夏季會剃光被毛使皮膚外露，但是這麼做反而會使狗狗的皮膚直接受到戶外氣溫與紫外線的傷害。

就如各位所知，柴犬擁有雙層毛，被毛就如同住宅的隔熱材，縫隙間會形成空氣層，避免狗狗直接受到外界氣溫的影響。

將柴犬養在戶外時同樣必須注意，**讓愛犬能自由移動到庭園中涼爽的位置，同時也會準備充足的飲用水。**

最近的夏天
好熱喔！

要勤加補充
水分喔。

……。

休息一下♪

42

不能吃
人類的食物啦！

和愛犬朝夕相處時，飼主總會忍不住給予人類的食物。但是有些人類的食物會造成狗狗中毒或腸胃不適，有些長期食用則會對胰臟、腎臟、肝臟與心臟等器官造成損傷。

人類的常見食物中，對狗狗來說很危險的有葡萄、無花果、酪梨、蔥類、生蛋白、雞骨頭、烏賊、章魚、蝦子、螃蟹、貝類、巧克力、添加木糖醇的甜點、咖啡與茶等以及酒精類。此外人類的食物經過調味，其中的鹽分、糖分與刺激物等都不適合狗狗。

狗狗的祖先是肉食性動物，牠們是在與人類生活的漫長歷史中，逐漸轉變成了雜食性動物。

維持動物身體健康的五大營養素分別為「蛋白質」、「礦物質」、「維生素」、「碳水化合物」與「脂肪」，據說狗狗需要的蛋白質量為人類的四倍。但是蛋白質的攝取仍必須適中，攝取過多可能會引發肝臟或腎臟機能障礙，不足則會使狗狗沒精神且被毛失去光澤。此外狗狗需要的脂肪量也比人類還多，但攝取過多同樣會造成肥胖。

飼主餵食以肉、魚與蔬菜親手製作的鮮食時，則建議諮詢醫師，避免營養不均衡。

43 不是大家都喜歡狗狗運動場

有些柴犬在狗狗運動場時會很開心地全力奔跑，有些則會聞聞味道後，就躲到角落看其他狗狗玩耍，甚至有柴犬會催促飼主：「該回家了！」這就和人類一樣，有的人喜歡在人多的地方聊天，有些人喜歡在家靜靜閱讀。

但是不少幼犬時代喜歡在狗狗運動場玩耍的柴犬，長到兩三歲後就不喜歡與陌生狗狗玩了。這是因為狗狗培養出一定的警戒心，以及明確的「好惡」，或許可以視為一種成熟的證據。

愛犬表現出排斥態度時，請善用包場制的動物運動場，讓愛犬能盡情奔跑，不用顧慮其他狗狗。

44 在狗狗運動場玩要注意的事

衛生沒問題嗎？

重視衛生的狗狗運動場，會經常更換地面土壤、重鋪草皮，詳情可以透過官網等確認。

環境是否完善？

會場沒在處理狗狗挖出的洞穴時，愛犬可能會不慎踏入而扭傷或骨折。此外也要檢查地面是否有石頭或雜草。

不可以讓愛犬脫離視線

飼主必須緊盯愛犬，避免與其他狗狗打架，或是跑到禁止進入的地方。

不可以帶零食或玩具

帶零食或玩具入場時，容易使愛犬與其他狗狗打架。此外飲用水與撿便袋則是必備用品。

狗狗運動場的入場條件包括須打過預防針，愛犬是女生的話就要避開發情期。此外最理想的狀態，就是聽得懂「趴下」、「等等」與柴犬最不擅長的「過來」。在許多陌生狗狗相聚的狗狗運動場中，能否順利與其他狗狗打招呼，也是玩得愉快的重要關鍵。所以在挑戰狗狗運動場之前，請先了解愛犬的個性，並帶到鄰近公園與其他狗狗打照面，讓愛犬先適應與其他狗狗相處。

45 想避免走失，就要這麼做

柴犬很常逃跑，牠們遭劇烈聲響嚇到、遇到可怕的事物，或是閃避他人觸碰時不斷後退，可能造成不小心掙脫項圈的後果。獲得自由的喜悅或驚嚇造成的恐慌，都會使牠們亂跑亂竄進而走失，最壞的情況下，甚至可能發生交通意外！

為了預防萬一，飼主必須在日常訓練好愛犬，讓愛犬不管多麼亢奮，都會在聽見飼主說「等等」時止住腳步，或是在聽到「過來」時回到飼主身邊，才能在有狀況時讓愛犬停下，較為保險。此外，由於柴犬討厭被摸、愛好自由，不喜歡被人捕捉，想提高愛犬脫逃後找回來的機率，散步時就必須備妥狗狗最愛的零食、玩具、預備用項圈與牽繩，連手機都是不可或缺的。

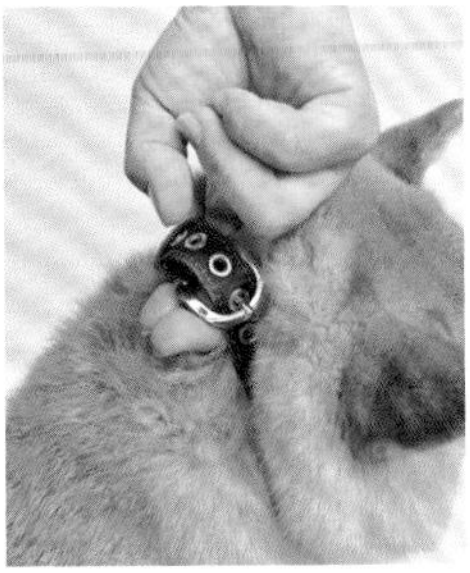

項圈與胸背帶要多緊才不會被掙脫？

項圈與胸背帶都應調至剛好供人的兩隻手指頭穿過，這種狀態乍看很緊，實際上卻是最適當的。

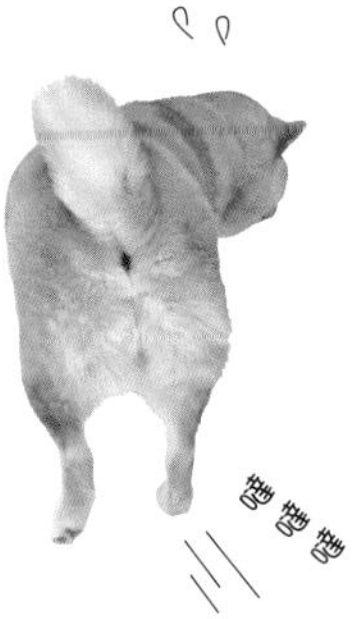

狗狗逃跑時，緊追在後會造成反效果

飼主若在愛犬逃跑時拔腿追上，狗狗就會跑得更遠。為了守護愛犬的安全，建議拿著零食等呼喚愛犬。

萬一
＼愛犬走失時／

【傳單製作範例】

A

小花 尋找愛犬

B

C

名字：小花（柴犬）

女生、7歲、13kg

已結紮

個性相當親人，但是突然觸摸會生氣

D

- 眼睛圓滾滾的，眼線顏色很深
- 戴著唐草圖案的頸飾

E

時間 ○月○日　晚間7點左右

場所 在○○縣柴犬市柴犬公園附近走失

狀況 狗狗散步途中被煙火聲音嚇到就逃向公園了，希望各位協助聯繫。

F

請發現小花的人透過下列方式聯絡飼主。

聯絡方式　☎000-0000-0000　小花
電子信箱 xxxxxxxxxxxxx

A：標題

首要條件為讓看過的人印象深刻，所以應選擇簡單易懂的詞彙，字體則應設計得又大又顯眼。不擅長使用電腦軟體時，也可手寫製作。

B：特徵

必須寫上狗狗的名字、年齡、身體特徵與個性，但是考量到狗狗走失數天後會消瘦，必須再添加「褐色柴犬」等連沒養狗者也能辨認的外觀條件。

C：照片

包括尾巴在內的全身照，會比臉部特寫更適合，此外站立的照片也有助於展現出特徵，因此平常散步時應多為愛犬拍照。

D：內文

重點為讓閱讀者確實理解並記起愛犬資訊，所以建議將條件篩選到最清楚，條列出淺顯易懂的短句，寫出最重要的幾項特徵即可。

E：其他

標明狗狗走失的日期時間與場所，將傳單貼在略低於成人視線的高度時，連兒童也能加入協尋。另外也可試著委託動物醫院、寵物用品店與超市等協助張貼。

F：聯絡方式等

擔心寫明飼主電話與地址會接到騷擾電話等的時候，可以申請免費電子信箱當作專用聯絡方式。

愛犬是否有施打晶片呢？

狗狗除了會在散步途中因牽繩脫落而走失外，也可能從玄關大門跑掉，因此建議在室內也應盡量配戴項圈。狗狗的項圈上應設置預防針注射頸牌，以及寫有狗狗姓名與飼主聯絡方式的名牌。但是狗狗連項圈一起掙脫時，就會失去辨認身分的方式。這時只要事前有為狗狗施打過晶片，在狗狗被送到地方政府的動物收容所時，所方就能透過掃晶片確認身分並聯絡飼主，令人更加安心。

46

對某些東西會過敏

過敏是指體內的免疫反應，對從外部入侵身體的特定抗原，所產生的過度反應。很多柴犬都有過敏的問題，其中過敏性皮膚炎就是相當常見的一種。

過敏性皮膚炎同樣分成數種，有異位性皮膚炎、食物過敏、跳蚤寄生的跳蚤過敏，或是生活中各種物質（沐浴乳、地毯、塑膠餐具等）造成的過敏性接觸皮膚炎等。

其中最難治癒的就是異位性皮膚炎。柴犬幾乎都是在三、四歲這段還很年輕的時候發作，有時候即使生活中仍存在過敏物質，狗狗的症狀也會逐漸減輕。但是有些沒在這段期

過敏種類五花八門

異位性皮膚炎

異位性皮膚炎中的「異位性」，專指「容易產生過敏性抗體的體質」，據說很多柴犬都遺傳這種體質。異位性皮膚炎的併發症有膿皮症、結膜炎與外耳炎等。

食物過敏

狗狗食物中使用了形形色色的原料，飼主應事前研究哪些原料適合愛犬。有時適合其他狗狗的飼料，未必適合愛犬的體質，所以必須特別留意。

跳蚤過敏

寄生在身體表面的跳蚤，會在吸血時將唾液留在狗狗體內，這些唾液與排泄物等都會引發皮膚炎。在動物醫院協助下定期投藥驅蟲，有助於預防跳蚤纏身。

間發作的狗狗，卻會在中年期突然發作並惡化。罹患異位性皮膚炎時皮膚會很癢，讓狗狗忍不住一直抓，進而出現皮膚發紅、發腫、色素沉澱、掉毛、皮膚變硬等症狀。

有些狗狗儘管現在沒事，體內卻暗藏著過敏因素，日後仍有發作的機會。因此飼主也可以讓愛犬接受過敏原檢測，事前掌握過敏因素。

不管是哪一種過敏，飼主平常都應勤加打掃，為狗狗保有乾淨的生活環境。

47

有時會過度忍耐

柴犬會在飼主外出購物時，會待在玄關一直等到飼主回家；超過往常放飯或散步的時間時，也不會吠叫催促，反而是乖乖等待飼主想起來。這種耐性十足的可愛模樣，緊緊抓住了眾多柴犬迷的心。

但是柴犬的耐性有時強到令人困擾的地步，尤其是只願意在戶外排泄的狗狗，就連腹瀉時也會拚命忍住不在市內排泄。愛犬半夜時突然哀鳴、不斷抓著牆壁或門時，可能就是肚子痛想外出解放的訊號。就算飼主告訴愛犬「我會幫你清乾淨的，你直接大在這裡沒關係，不要忍耐」，狗狗也聽不懂。牠們會強行忍耐至直到可以外出上廁所時，萬一不小心排泄在家具或窗簾後方，就會變得垂頭喪氣很沒有精神。有些只願意在戶外排泄的狗狗，苦思到最後會決定在室內盆栽的土壤上排泄。因此建議飼主在室內備妥狗狗願意排泄的場所，以備不時之需。

此外有些柴犬非常敏感，身心會因家中變化而承受壓力，導致健康亮紅燈。造成狗狗壓力的包括家中出現新生兒、新來的動物同伴，就連家人的注意力脫離狗狗身上，有些柴犬都能敏感察覺並暗自忍耐，請各位別小覷柴犬的忍耐力。

忍耐對身體不好～

48 也要注意牙齒健康

成犬有42顆牙齒，其中犬齒4顆、門齒12顆、小臼齒16顆與臼齒10顆。咬斷食物時主要用到的是上下顎的臼齒，這裡同時也是狗狗最容易罹患牙周病的部位。連同飲食在內，現代柴犬的日常活動幾乎都在室內進行，不太有機會去咬石頭或木材等堅硬的物體，因此3歲以上的狗狗有八成都罹患了牙周病。

覺得愛犬出現口臭嚴重、一直在意自己口腔，或有牙齦出血等異狀時，就可能是罹患口腔疾病，應立即送到醫院接受治療。

牙周病嚴重時不僅會掉牙，還可能引發內臟疾病，縮短愛犬的壽命。此外狗狗必須先接受全身麻醉，才能開始清除牙結石，這對高齡犬或生病的狗狗都會造成相當大的負擔，令人擔憂。

所以建議平常就養成替狗狗刷牙的習慣，真的沒辦法刷牙時也要善用牙齒保健用品，維護愛犬的牙齒健康。

牙齒會斷裂或磨損！

狗狗啃咬過硬的玩具時，可能造成牙齒脫落或斷裂。如果狗狗整天會啃咬數次網球或毛巾等，牙齒也可能磨損。這邊要注意的是牙齒神經外露，使牙齦發紅的「露髓」，細菌會透過暴露的神經入侵而發炎，嚴重時必須拔掉牙齒。

耐咬繩

這種能啃咬、拉扯的繩狀玩具很受柴犬喜愛，由於啃咬時牙齒會插入繩中縫隙，藉此清除口腔裡的殘渣，所以平常應仔細清潔保持乾淨。

潔牙凝膠

種類五花八門，主原料有牛皮、牛腱、穀物與非穀物等可以選擇，並請選擇尺寸較大的類型，才能避免愛犬整個吞下或是誤食。同時也應確認清楚原料內容，避免愛犬產生過敏反應。

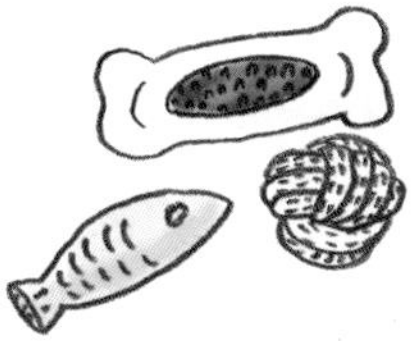

潔牙玩具

幼犬時期過度啃咬可能影響齒列美觀，所以建議等狗狗長大再開始使用，材質同樣相當豐富，有塑膠、木質或布料等，有些也沾了狗狗喜歡的味道。愛犬年紀還小時，不妨給予布製的潔牙玩具吧。

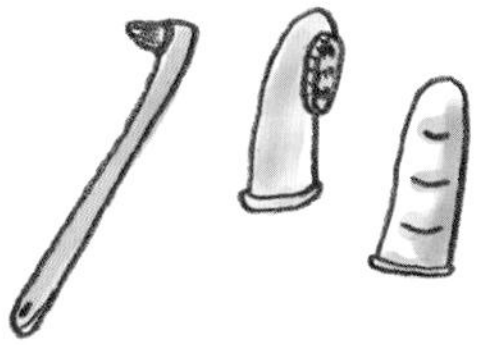

牙刷

選項相當豐富，除了牙刷之外，也可以在手指上纏繞紗布或套上專用指套。建議飼主從中選擇愛犬較不排斥，自己也方便執行的類型。

49

遇到災害時，仰賴飼主做好預防準備

一起來確認犬用避難商品

食物、水與零食

應準備五天份的水與食物，且食物要分裝到小容器裡。另外也建議準備可以慢慢享用的零食。

名牌

飼主應定期確認名牌上的文字與電話號碼等，是否磨損，甚至看不清楚。

外出籠

寵物必須放在外出籠中，才能與飼主一起進入避難所。因此平常就要幫助狗狗適應待在外出籠的感覺。

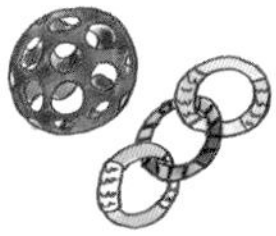

喜歡的玩具

建議準備數種不同的玩具，避免狗狗在避難所覺得無聊。

備用牽繩與項圈

平常要多加檢查使用中的物品是否磨損或壞掉，並備妥備用的項圈與牽繩。

全套排泄商品

折疊式狗狗廁所、寵物用尿墊、撿便袋等都應準備妥當。

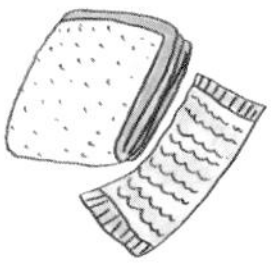

用慣的毛巾或毯子

在籠中放置沾有愛犬或飼主氣味的布料，能幫助愛犬睡得安心，非常重要。

保養用品

備有毛梳、溼紙巾與乾洗沐浴乳等會更加方便。

災害是無法預測的，為了應付不知什麼時候會降臨的災難，必須與家人好好討論「防災（預防受災）」與「減災（將損傷降至最低）」，也應在日常生活中確認好能帶上愛犬的避難方法、避難場所與避難路線。

災害發生時飼主未必在家，所以必須考慮到在他處遇到災害，或是因交通情況等無法順利回家的情況，與家人、一起遛狗的夥伴、狗狗熟悉的左鄰右舍等，商量遇到這類情況時代為照料愛犬的事宜。

家具與擺設等也要做好耐震工作，避免因倒塌或玻璃碎裂傷到愛犬。將狗狗養在戶外時，則必須深究愛犬的居住環境，避免遇到圍牆倒塌等危險。

基本防災用品如右頁介紹，但是若能考量到救援物資延遲送達的情況，連相關物資一起備妥會更加保險。災害發生時很難取得寵物藥物與處方飼料，所以愛犬有相關需求時，建議詢問醫師是否有應變方式。

真的住進避難所時，也要注意別讓愛犬造成困擾喔！

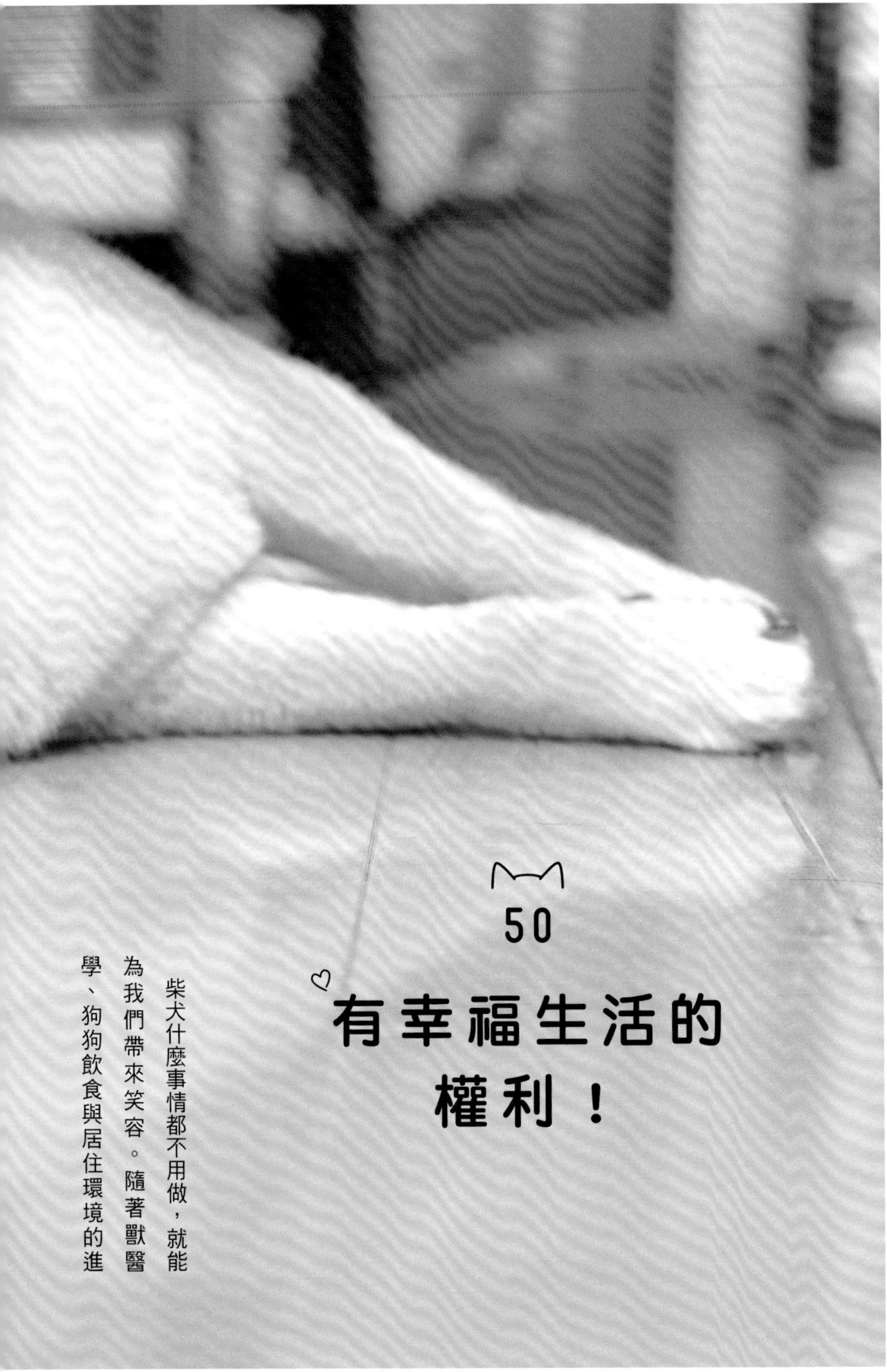

50

有幸福生活的權利！

柴犬什麼事情都不用做，就能為我們帶來笑容。隨著獸醫學、狗狗飲食與居住環境的進

步，現代狗狗的壽命已經比以前延長許多。

但是狗狗的一生中仍有受疾病或受傷所苦的時候，這時就需要仰賴飼主冷靜的判斷與迅速的行動力。

此外，狗狗身體出狀況時，所需的治療費往往超乎想像。所以飼主必須存好一定程度的治療基金，才能讓愛犬獲得應有的治療，避免留下痛苦回憶，飼主也不會感到遺憾。

狗狗的一生都需要飼主的照料，雖然每個家庭的生活模式不盡相同，但是最懂愛犬的肯定就是飼主了。請與信賴的醫師商量最適合愛犬的照料法，養出世界上最幸福的柴犬吧！

［編輯］
Shi-Ba【シーバ】編集部・編

照片 — 小花的馬麻、奥山美奈子
設計 — 八木孝枝
插畫 — えのきのこ
企劃 — 岡田好美
進行・編集・文 — 楠本麻里
參考圖書 — Shi-Ba【シーバ】

INU NANDE. SHIBAINU HANACHAN GA TSUBUYAKU HITO GA MANABUBEKI GENDAIKEN NO SHINRI

阿柴的心內話

出　　版／楓書坊文化出版社
地　　址／新北市板橋區信義路163巷3號10樓
郵政劃撥／19907596 楓書坊文化出版社
網　　址／www.maplebook.com.tw
電　　話／02-2957-6096
傳　　真／02-2957-6435
作　　者／Shi-Ba編集部
翻　　譯／黃筱涵
責任編輯／謝宥融
內文排版／楊亞容
港澳經銷／泛華發行代理有限公司
定　　價／300元
初版日期／2019年6月

國家圖書館出版品預行編目資料

阿柴的心內話 / Shi-Ba編集部作；黃筱涵譯. -- 初版. -- 新北市：楓書坊文化, 2019.06　面；　公分

ISBN 978-986-377-485-3 (平裝)

1. 犬 2. 寵物飼養

437.354　　108004641